1 小数のしくみ①

点

🚌 1　□にあう数を書きましょう。　【1問　10点】

① 0.1は，1の $\dfrac{1}{\boxed{}}$

② 0.01は，1の $\dfrac{1}{\boxed{}}$

③ 0.001は，1の $\dfrac{1}{\boxed{}}$

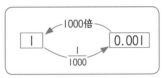

🚌 2　□にあう数を書きましょう。　【1問　5点】

① 1 dL = $\boxed{}$ L

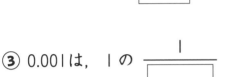

1 dL=0.1L

② 3 dL = $\boxed{}$ L

③ 50 cm = $\boxed{}$ m

④ 7 cm = $\boxed{}$ m

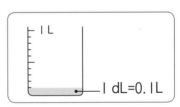

100cm ＝ 1 m
10cm ＝ 0.1m
1cm ＝ 0.01m

3 □にあう数を書きましょう。　　　　　　【1問　5点】

① 600m ＝ [　　　] km

② 420m ＝ [　　　] km

③ 1983m ＝ [　　　] km

④ 400g ＝ [　　　] kg

⑤ 275g ＝ [　　　] kg

⑥ 2kg91g ＝ [　　　] kg

> 1000m ＝ 1km
> 100m ＝ 0.1km
> 10m ＝ 0.01km
> 1m ＝ 0.001km

> 1000g ＝ 1kg
> 100g ＝ 0.1kg
> 10g ＝ 0.01kg
> 1g ＝ 0.001kg

4 □にあう数を書きましょう。　　　　　　【1問　5点】

① 3.4を10倍した数は [　　　]

② 3.4を100倍した数は [　　　]

③ 3.4を $\frac{1}{10}$ にした数は [　　　]

④ 3.4を $\frac{1}{100}$ にした数は [　　　]

> 小数を10倍，100倍すると，小数点は右へ1けた，2けたうつり，$\frac{1}{10}$，$\frac{1}{100}$にすると，小数点は左へ1けた，2けたうつるよ。

2 小数のしくみ②

【1問　5点】

かけ算をしましょう。

（例）　$0.34 \times 10 = 3.4$　　　$1.342 \times 10 = 13.42$
　　　$0.34 \times 100 = 34$　　　$1.342 \times 100 = 134.2$
　　　$0.34 \times 1000 = 340$　　　$1.342 \times 1000 = 1342$

① $0.35 \times 10 =$

② $0.345 \times 10 =$

③ $0.28 \times 100 =$

④ $0.275 \times 100 =$

⑤ $0.038 \times 100 =$

⑥ $4.16 \times 10 =$

⑦ $2.81 \times 100 =$

⑧ $1.281 \times 1000 =$

⑨ $1.2 \times 100 =$

⑩ $2.76 \times 1000 =$

2 わり算をしましょう。

（例）　$32 \div 10 = 3.2$　　　　$324.5 \div 10 = 32.45$

　　　　$32 \div 100 = 0.32$　　　$324.5 \div 100 = 3.245$

　　　　$32 \div 1000 = 0.032$　　$324.5 \div 1000 = 0.3245$

① $43 \div 10 =$

② $435 \div 10 =$

③ $38 \div 100 =$

④ $628 \div 100 =$

⑤ $275 \div 1000 =$

⑥ $3.8 \div 10 =$

⑦ $38.5 \div 10 =$

⑧ $41.8 \div 100 =$

⑨ $86 \div 1000 =$

⑩ $64.7 \div 1000 =$

10倍すると，位が 1 けた上がり，
$\frac{1}{10}$ にすると，位が 1 けた下がるね。

3 小数×整数①

点

---

1 小数のかけ算を筆算でします。□にあう数や小数点を書きましょう。

【1問　5点】

（例）

```
   1.8          1.8          1.8
 ×   6    →   ×   6    →   ×   6
             1 0 8        1 0.8
```

まず18×6の計算をする。

かけられる数にそろえて，積の小数点をうつ。

と考えればいいね。

---

①
```
   1.3
 ×   4
```
小数点

③
```
   0.9
 ×   7
```

②
```
   0.2
 ×   4
```
0を書く。

④
```
  12.6
 ×   3
```

かけ算をしましょう。

① 　 1.9
　 ×　 4

② 　 2.3
　 ×　 7

③ 　 6.8
　 ×　 6

④ 　 9.4
　 ×　 8

⑤ 　 0.3
　 ×　 2

⑥ 　 0.1
　 ×　 6

⑦ 　 0.7
　 ×　 8

⑧ 　 30.4
　 ×　 3

⑨ 　 24.7
　 ×　 4

⑩ 　 46.2
　 ×　 7

小数点を
書きわす
れないで
ね。

4 小数×整数②

点

📘1️⃣ 小数のかけ算を筆算でします。□にあう数や小数点を書きましょう。

【1問　5点】

```
（例）    1.5   →    1.5   →    1.5
       ×   6      ×   6      ×   6
                    9 0       9.0
```

> 15×6を計算する。

> 小数点をうつ。
> 9.0は9と等しい大きさなので，0は消すよ。

①
```
    0.6
  ×   5
```
↑
小数点

> 小数点以下が0のときは，0を消すよ。

③
```
   11.5
  ×    2
```

②
```
    1.4
  ×   5
```

④
```
   12.5
  ×    4
```
↑
> 一の位の0は消さないよ。

2 かけ算をしましょう。

① 　 1.2
　 × 　 5

② 　 2.5
　 × 　 4

③ 　 5.8
　 × 　 5

④ 　 0.2
　 × 　 5

⑤ 　 0.5
　 × 　 8

⑥ 　 0.4
　 × 　 5

⑦ 　 18.5
　 × 　 2

⑧ 　 21.5
　 × 　 4

⑨ 　 12.5
　 × 　 8

⑩ 　 40.5
　 × 　 6

終わったら
答えあわせ
をして,
まちがえた
ところは直
そう！

5 小数×整数③

1 小数のかけ算を筆算でします。□にあう数や小数点を書きましょう。

【1問　5点】

①
```
    1.78
×      4
─────────
  □ □ □
```

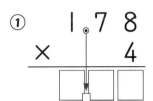

> かけられる数にそろえて
> 積の小数点をうつ。

④
```
    1.28
×      5
─────────
  □ □ 0
```

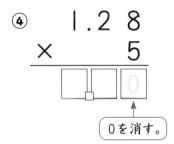

> 0を消す。

②
```
    0.75
×      3
─────────
  □ □ □
```

⑤
```
    0.75
×      4
─────────
  □ □ □
```

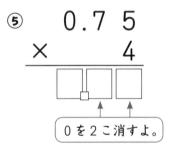

> 0を2こ消すよ。

③
```
    3.27
×      6
─────────
 □ □ □ □
```

⑥
```
    2.03
×      8
─────────
 □ □ □ □
```

かけ算をしましょう。 〔1問 7点〕

① 1.94
× 3

⑥ 0.23
× 4

② 4.08
× 9

⑦ 0.91
× 7

③ 5.34
× 6

⑧ 0.55
× 4

④ 2.86
× 5

⑨ 0.76
× 8

⑤ 6.43
× 7

⑩ 0.05
× 6

6 小数×整数④

1 小数のかけ算を筆算でします。□にあう数や小数点を書きましょう。

①
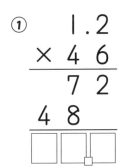

$$\begin{array}{r} 1.2 \\ \times\ 46 \\ \hline 72 \\ 48\ \ \\ \hline \square\ \square\ \square \end{array}$$

③
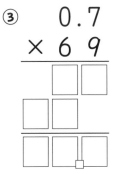

$$\begin{array}{r} 0.7 \\ \times\ 69 \\ \hline \square\ \square \\ \square\ \square\ \ \\ \hline \square\ \square\ \square \end{array}$$

(1) 整数のかけ算と同じように計算する。
(2) かけられる数にそろえて積の小数点をうつ。

②
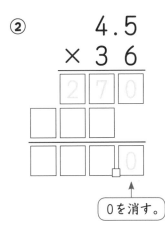

$$\begin{array}{r} 4.5 \\ \times\ 36 \\ \hline 270 \\ \square\ \square\ \square\ \ \\ \hline \square\ \square\ \square\ 0 \end{array}$$

0を消す。

④
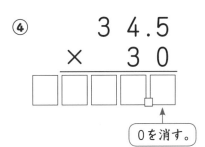

$$\begin{array}{r} 34.5 \\ \times\ \ \ 30 \\ \hline \square\ \square\ \square\ \square\ \square \end{array}$$

0を消す。

小数点を書きわすれないでね。
うらの問題もがんばろう！

① 　 1.6
　 × 1 2

④ 　 0.6
　 × 1 2

② 　 3.8
　 × 7 4

⑤ 　 0.9
　 × 8 3

③ 　 8.5
　 × 5 2

⑥ 　 6 5.1
　 × 　 8 0

7 小数×整数⑤

点

1 小数のかけ算を筆算でします。□にあう数や小数点を書きまし
ょう。

①
```
    1.3 6
  ×   1 2
    2 7 2
  1 3 6
  □□□□
```

③
```
    0.3 2
  ×   1 6
  □□□
  □□
  □□□
```

②
```
    4.6 9
  ×   3 7
  3 2 8 3
  □□□□
  □□□□□
```

④
```
    0.4 5
  ×   3 4
  □□□
  □□□
  □□□□
```

④は，最後の0を
消すのをわすれない
でね。

2　かけ算をしましょう。

①
```
    1.28
 ×    14
```

②
```
    3.04
 ×    42
```

③
```
    2.87
 ×    63
```

④
```
    0.26
 ×    17
```

⑤
```
    2.15
 ×    34
```

⑥
```
    1.68
 ×    25
```

点

8 整数×小数

1 小数をかけるかけ算を筆算でします。□にあう数や小数点を書きましょう。

【1問　6点】

①
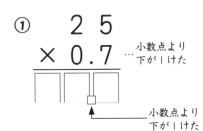

```
    2 5
×  0.7   … 小数点より
          下が1けた
─────
□□□
```

↑ 小数点より下が1けた

②
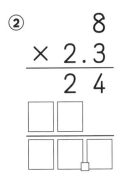

```
      8
×  2.3
─────
  2 4
  □□
─────
 □□□
```

③
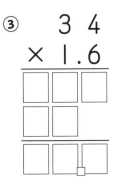

```
    3 4
×  1.6
─────
□□□
 □□
─────
□□□
```

④
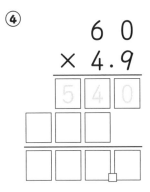

```
      6 0
×   4.9
─────
  5 4 0
 □□□
─────
□□□□
```

⑤
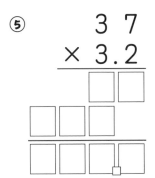

```
      3 7
×   3.2
─────
   □□
  □□
─────
 □□□□
```

小数をかける計算も整数のかけ算と同じように計算して，あとで小数点をうてばいいね。

2 かけ算をしましょう。

① 　 7 3
　 × 0.4

② 　 1 2 8
　 × 　 0.6

③ 　 　 6
　 × 7.4

④ 　 1 3
　 × 2.6

⑤ 　 4 2
　 × 1.7

⑥ 　 8 0
　 × 3.5

⑦ 　 4 2
　 × 8.5

9 小数×小数①

点

🚌1 小数をかけるかけ算を筆算でします。□にあう数や小数点を書きましょう。

【1問　10点】

(例)
$$
\begin{array}{r}
0.8 \\
\times\ 0.3 \\
\hline
\end{array}
\ \rightarrow\
\begin{array}{r}
8 \\
\times\ 3 \\
\hline
2\ 4
\end{array}
\ \rightarrow\
\begin{array}{r}
0.8 \\
\times\ 0.3 \\
\hline
0.2\ 4
\end{array}
$$

…小数点より右1けた
…小数点より右1けた

たして

右から②けた

まず8×3を計算する。

積の小数点をうつ。
小数点より右のけた数の和だけ右から数えてうつ。
1以下のときは0をつける。

$$
\begin{array}{r}
0.8 \\
\times\ 0.3 \\
\hline
0.2\ 4
\end{array}
\
\begin{array}{r}
8 \\
\times\ 3 \\
\hline
2\ 4
\end{array}
$$

10倍　10倍　100倍　$\frac{1}{100}$

と考えられるね。

①
$$
\begin{array}{r}
0.8 \\
\times\ 0.9 \\
\hline
\boxed{0}\ \square\ \boxed{\ }
\end{array}
$$

小数点
右から2けた

0を書く。

③
$$
\begin{array}{r}
2.4 \\
\times\ 0.9 \\
\hline
\boxed{\ }\ \square\ \boxed{\ }
\end{array}
$$

小数点より右のけた数は，たして2けただね。

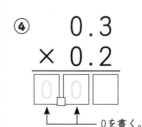

②
$$
\begin{array}{r}
1.2 \\
\times\ 0.6 \\
\hline
\boxed{\ }\ \square\ \boxed{\ }
\end{array}
$$

④
$$
\begin{array}{r}
0.3 \\
\times\ 0.2 \\
\hline
\boxed{0}\ \square\ \boxed{0}
\end{array}
$$

0を書く。

2 かけ算をしましょう。

① 0.6
× 0.4

② 0.9
× 0.5

③ 0.7
× 0.4

④ 0.2
× 0.4

⑤ 1.3
× 0.4

⑥ 5.4
× 0.3

⑦ 4.9
× 0.5

⑧ 7.2
× 0.8

⑨ 12.4
× 0.7

⑩ 32.6
× 0.8

10 小数×小数②

点

📙1 小数をかけるかけ算を筆算でします。□にあう数や小数点を書きましょう。

【1問　10点】

①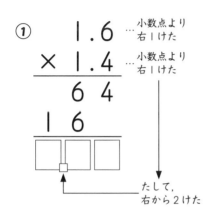

… 小数点より右1けた
… 小数点より右1けた

たして，右から2けた

③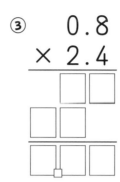

②
$$\begin{array}{r} 3.7 \\ \times\ 1.4 \\ \hline 1\ 4\ 8 \end{array}$$

④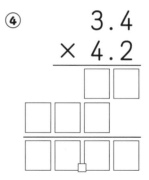

小数点のつけ方は
わかったかな？
うらの問題も
がんばろう！

2　かけ算をしましょう。

① 　1.6
　 × 2.4
　─────

② 　0.9
　 × 2.4
　─────

③ 　5.1
　 × 1.7
　─────

④ 　2.3
　 × 3.4
　─────

⑤ 　3.9
　 × 4.2
　─────

⑥ 　5.3
　 × 4.5
　─────

11 小数×小数③

🚚 **1** 小数をかけるかけ算を筆算でします。□にあう数や小数点を書きましょう。

【1問　10点】

①
$$3.4 \times 1.5$$

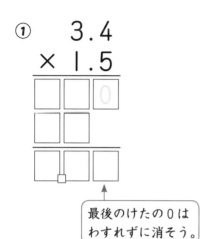

最後のけたの0はわすれずに消そう。

③
$$2.5 \times 2.4$$

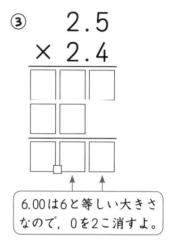

6.00は6と等しい大きさなので、0を2こ消すよ。

②
$$0.8 \times 4.5$$

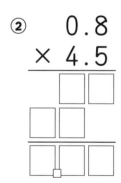

④
$$3.6 \times 2.5$$

いちばん下のけたが0になる計算だよ。

2 かけ算をしましょう。

①
$$\begin{array}{r} 1.2 \\ \times\ 3.5 \\ \hline \end{array}$$

④
$$\begin{array}{r} 4.5 \\ \times\ 2.6 \\ \hline \end{array}$$

②
$$\begin{array}{r} 0.4 \\ \times\ 1.5 \\ \hline \end{array}$$

⑤
$$\begin{array}{r} 2.5 \\ \times\ 4.8 \\ \hline \end{array}$$

③
$$\begin{array}{r} 1.4 \\ \times\ 8.5 \\ \hline \end{array}$$

⑥
$$\begin{array}{r} 7.5 \\ \times\ 2.4 \\ \hline \end{array}$$

答えあわせをして,
まちがえた
ところは,
直しをしよう！

22

12 小数×小数④

🚌 **1** 小数をかけるかけ算を筆算でします。□にあう数や小数点を書きましょう。

【1問　10点】

小数点より
右のけた数

①
```
      2.2 3  … 2けた ┐
   ×    3.4  … 1けた ┤
      8 9 2          │
   □ □ □             │
   □□.□ □ □  … 3けた ◄┘
```

③
```
      3.4
   × 1.2 6
     2 0 4
     □ □
   □ □
   □□.□ □ □
```

②
```
      3.1 4  … 2けた ┐
   × 0.6 2  … 2けた ┤
     6 2 8          │
   □ □ □ □          │
   □□.□ □ □ □ … 4けた ◄┘
```

④
```
      2.8
   × 0.3 6
   □ □ □
   □ □
   □□.□ □ □
```

小数点より右のけた数が
3けたや4けたになる
計算だよ。

❤ 23 ❤

2 かけ算をしましょう。

①　　1.23
　　×　2.5
　　─────

②　　3.04
　　×　3.9
　　─────

③　　2.57
　　×0.61
　　─────

④　　　2.4
　　×0.56
　　─────

⑤　　0.82
　　×5.43
　　─────

⑥　　1.23
　　×2.41
　　─────

ファイト！

13 小数×小数 ⑤

🚌 小数をかけるかけ算を筆算でします。□にあう数や小数点を書きましょう。

【1問　10点】

①

```
    2.1 5
 ×   4.2
─────────
    4 3 0
  □ □ □
 □ □.□ □
```

最後のけたの0は消そう。

③

```
    0.2 4
 ×   3.8
─────────
  □ □ □
  □ □
 0.□ □ □
```

積の小数点は右から数えて、3けた目にうつから、一の位に0を書くよ。

②

```
    2.4
 ×0.7 5
─────────
  □ □ 0
 □ □ □
 □.□ □ □
```

0を2こ消すよ。

④

```
    0.3 4
 ×0.2 7
─────────
  □ □ □
  □ □
 0.0 □ □
```

一の位と $\frac{1}{10}$ の位に0を書くよ。

2 かけ算をしましょう。

①   3.24
   ×   1.5

④   0.27
   ×   2.7

②   6.5
   ×0.34

⑤   0.16
   ×0.47

③   6.25
   ×0.56

⑥   0.66
   ×0.75

小数点を
どこにうつか
よく考えてね。

14 小数のかけ算のまとめ

点

🚌 かけ算をしましょう。　　　　　　　　　　　【1問　8点】

① 　9.5
　× 　8
　　———

④ 　7.13
　× 　　8
　　———

② 　5.2
　×67
　　———

⑤ 　3.94
　× 　28
　　———

③ 　　49
　×3.4
　　———

> 小数のかけ算の
> まとめだよ。
> 小数点をうつ
> 位置に，注意
> しよう！

2 かけ算をしましょう。

① 　　2.8
　　× 7.3
———————

② 　　4.2
　　× 8.5
———————

③ 　　0.6
　　×1.6
———————

④ 　　3.76
　　×　4.2
———————

⑤ 　　0.84
　　×　3.5
———————

⑥ 　　5.92
　　×2.63
———————

ヤッターッ！
小数のかけ算
は終わり！
よくがんばっ
たね！

15 小数÷整数①

1 小数のわり算を筆算でします。□にあう数を書きましょう。

【1問　10点】

①

```
    2.□
  ┌─────
3 )7⦚8
    6
  ──────
    │8
    □□
  ──────
    0
```

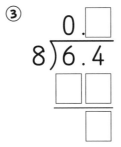

わられる数
の小数点に
そろえて,
商の小数点
をうつ。

③

```
    0.□
  ┌─────
8 )6.4
    □□
  ──────
    □
```

商の一の位に0を書き,
小数点をうってから
計算を進めるよ。

②

```
    2.□□
  ┌───────
3 )7.6 2
    6
  ────────
    │6
    □□
  ────────
    │2
    □□
  ────────
    □
```

④

```
    0.□□
  ┌───────
7 )2.3 8
    2│
  ────────
    2 8
    □□
  ────────
    □
```

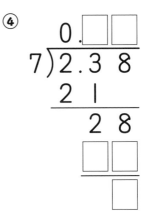

②　わり算をしましょう。（わりきれるまで）

①
$$5 \overline{)9.5}$$

②
$$7 \overline{)4.2}$$

③
$$4 \overline{)23.6}$$

④
$$4 \overline{)9.56}$$

⑤
$$8 \overline{)51.12}$$

⑥
$$5 \overline{)3.35}$$

16 小数÷整数②

点

小数のわり算を筆算でします。□にあう数を書きましょう。

【1問　10点】

①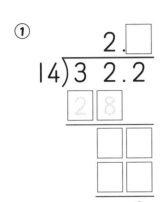

```
        2. □
    14) 3 2 . 2
        2 8
        □ □
        □ □
          0
```

②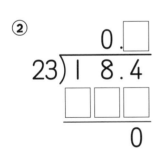

```
        0. □
    23) 1 8 . 4
        □ □ □
          0
```

③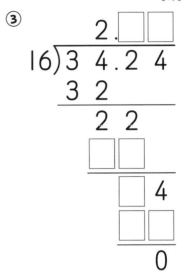

```
        2. □ □
    16) 3 4 . 2 4
        3 2
        2 2
        □ □
          □ 4
          □ □
            0
```

④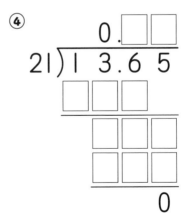

```
        0. □ □
    21) 1 3 . 6 5
        □ □ □
        □ □ □
        □ □
          0
```

商の小数点をうつと
ころ以外は，整数の
わり算と同じだよ。

2 わり算をしましょう。（わりきれるまで）

①
$$31\overline{)43.4}$$

②
$$43\overline{)94.6}$$

③
$$32\overline{)28.8}$$

④
$$12\overline{)37.68}$$

⑤
$$23\overline{)53.82}$$

⑥
$$19\overline{)18.05}$$

17 整数÷整数

1 わりきれるまで計算します。□にあう数や小数点を書きましょう。

【1問　10点】

① 8÷5の計算

(1) ──────────────→ (2)

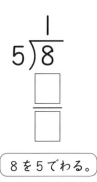

8 を 5 でわる。

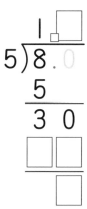

わられる数の小数点にそろえて，商の小数点をうつ。8 を8.0と考えて，$\frac{1}{10}$の位の 0 をおろす。30を 5 でわる。

② 24÷32の計算

(1) ──────────────→ (2)

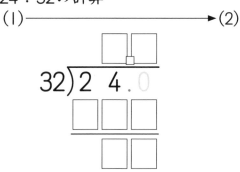

24を24.0と考える。240を32でわる。$\frac{1}{100}$の位の 0 をおろして，わり算を進める。

2 わりきれるまで計算します。□にあう数を書きましょう。

【1問　15点】

①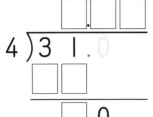

②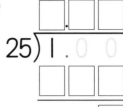

一の位と $\frac{1}{10}$ の位に商は立たないから，0を書くよ。

 3 わりきれるまで計算しましょう。

【1問　15点】

① 8) 76

② 16) 6

🚌 1 わりきれるまで計算します。□にあう数や小数点を書きましょう。

【1問　10点】

① 2.3÷5 の計算

(1)　——————————→ (2)

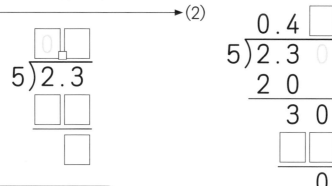

2は5より小さいから,
商の一の位に0を書き,
小数点をうってから,
計算を進める。

2.3を2.30と考えて, $\frac{1}{100}$ の位の
0をおろす。30を5でわる。

② 92.7÷45 の計算

(1)　——————————→ (2)

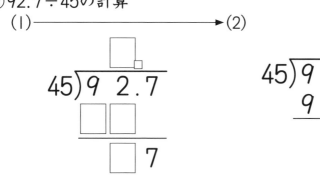

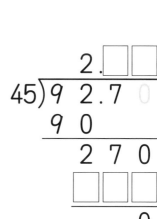

92.7を92.70と考えて, $\frac{1}{100}$ の位の
0をおろして, 計算を進める。

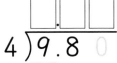 わりきれるまで計算します。□にあう数を書きましょう。

【1問　15点】

①

② 24)46.8

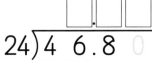 わりきれるまで計算しましょう。

【1問　15点】

① 8)0.4

② 16)15.6

19 整数÷小数①

点

1 小数でわるわり算を筆算でします。□にあう数を書きましょう。

【1問　10点】

① 6÷0.3の計算

(1) ——————→ (2) ——————→ (3)

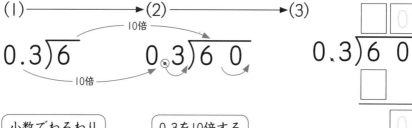

| 小数でわるわり算は，わる数を整数にして計算する。 | 0.3を10倍するから，6も10倍する。 | |

60÷3を計算する。

② 18÷0.4の計算

(1) ——————→ (2)

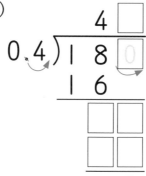

18÷0.4の0.4を10倍するから，18も10倍する。

18÷0.4の商は180÷4の商と等しい。

2 わり算をしましょう。（わりきれるまで）

① 0.6)9

② 0.4)24

③ 0.7)105

④ 0.4)132

⑤ 0.5)14

⑥ 0.8)36

⑦ 0.6)45

⑧ 0.5)135

20 整数÷小数②

1 小数でわるわり算を筆算でします。□にあう数を書きましょう。

【1問　10点】

① 6÷1.2の計算

(1) ─────→ (2) ─────→ (3)

$$1.2\overline{)6}$$

$$1.2\overline{)6\square}$$

$$1.2\overline{)6\;0}$$

（小数でわるわり算は，わる数を整数にして計算する。）

（1.2を10倍するから，6も10倍する。）

（60÷12を計算する。）

② 81÷4.5の計算

(1) ─────→ (2)

$$4.5\overline{)8\;1\square}$$

$$4.5\overline{)8\;1\;0}$$

（81÷4.5の4.5を10倍するから，81も10倍する。）

$4 \div 2 = 2$

10倍↓　10倍↓

$40 \div 20 = 2$

わられる数とわる数を10倍しても商は変わらないね。

（810÷45を計算する。）

❈ **39** ❈

2 わり算をしましょう。(わりきれるまで)

【1問　10点】

①

$1.5\overline{)9}$

②

$1.4\overline{)7}$

③

$1.8\overline{)9}$

④

$6.5\overline{)78}$

⑤

$2.8\overline{)70}$

⑥

$2.5\overline{)60}$

21 小数÷小数①

点

🚌 小数でわるわり算を筆算でします。□にあう数や小数点を書き
ましょう。

【1問　10点】

① 2.4÷0.6の計算

(1) ――――――――→ (2)

$$0.6\overline{)2.4}$$

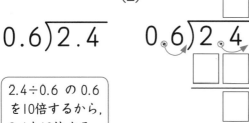

> 2.4÷0.6 の 0.6
> を10倍するから，
> 2.4も10倍する。

> 24÷6 を計算する。

> 10倍して，
> 小数点を右へ
> 1つずらして
> 計算するよ。

② 1.32÷0.4の計算

(1) ――――――――→ (2)

$$0.4\overline{)1.32}$$

> 1.32÷0.4の0.4を10倍する
> から，1.32も10倍する。
> 13.2÷4を計算する。

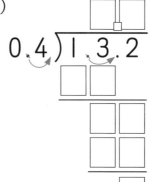

① 0.6)12.6

② 0.5)17.5

③ 0.7)0.35

④ 0.6)1.5

⑤ 0.6)0.15

⑥ 0.4)37.6

⑦ 0.4)3.32

⑧ 0.7)2.52

22 小数÷小数②

🚌 **1** 小数でわるわり算を筆算でします。□にあう数や小数点を書きましょう。

① 8.4÷1.5の計算

(1) ─────────────→ (2)

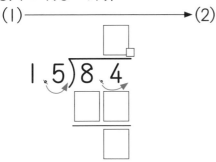

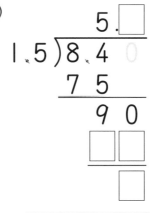

8.4÷1.5の1.5を10倍するから，8.4も10倍する。
84÷15を計算する。

$\dfrac{1}{10}$ の位の0をおろす。

② 1.2÷4.8の計算

(1) ─────────────→ (2)

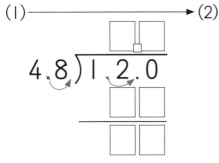

1.2÷4.8の4.8を10倍するから，1.2も10倍する。
12÷48を計算する。

$\dfrac{1}{100}$ の位の0をおろす。

2 小数でわるわり算を筆算でします。□にあう数を書きましょう。

①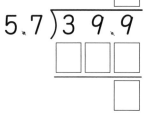

②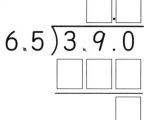

3 わり算をしましょう。(わりきれるまで)

① 3.4)25.5

③ 8.3)49.8

② 8.4)2.1

④ 3.5)2.8

23 小数÷小数③

1　小数でわるわり算を筆算でします。□にあう数や小数点を書きましょう。

【1問　10点】

①5.92÷3.7の計算

(1) ━━━━━━━━━━━▶ (2)

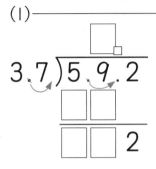

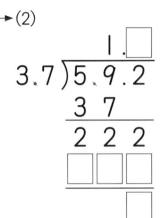

> 5.92÷3.7の3.7を10倍するから，5.92も10倍する。
> 59.2÷37を計算する。

②5.32÷7.6の計算

(1) ━━━━━━━━━━━▶ (2)

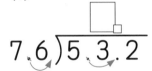

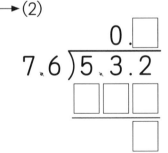

> 53は76より小さいので，一の位に0を書き，商の小数点を，わられる数の右にうつした小数点にそろえてうつ。

2 わり算をしましょう。(わりきれるまで)　【1問　10点】

①

$1.6\overline{)7.84}$

④

$5.8\overline{)7.54}$

②

$2.7\overline{)9.18}$

⑤

$6.9\overline{)3.45}$

③

$4.8\overline{)2.88}$

⑥

$9.1\overline{)2.73}$

1 小数でわるわり算を筆算でします。□にあう数や小数点を書きましょう。

【1問 20点】

① 11.52÷0.48の計算

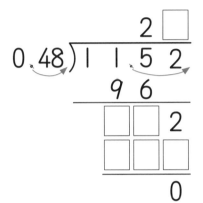

11.52÷0.48の0.48を100倍すると整数になるから、11.52も100倍する。
小数点を右へ2つずらして、1152÷48を計算する。
商は整数になる。

② 2.24÷0.64の計算

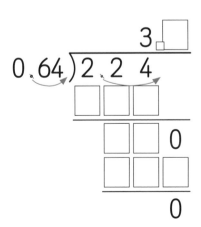

0.64を100倍して64にするから、2.24も100倍して、224÷64を計算する。

小数でわるわり算は商の小数点の位置に気をつけよう。

2 わり算をしましょう。(わりきれるまで)

【1問　10点】

①

$0.41\overline{)14.35}$

④

$0.47\overline{)95.88}$

②

$0.28\overline{)11.76}$

⑤

$0.58\overline{)2.61}$

③

$1.23\overline{)28.29}$

⑥

$3.06\overline{)4.59}$

1 小数でわるわり算を筆算でします。□にあう数や小数点を書きましょう。

【1問　10点】

① 9÷1.2の計算

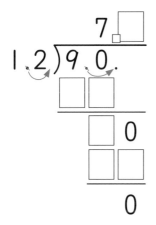

1.2を10倍するので，9も10倍して，90にする。

③ 7.8÷0.15の計算

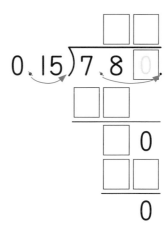

② 1÷2.5の計算

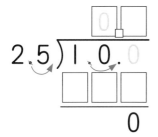

10倍して10÷25。商は1より小さいので一の位に0を書き，100÷25を計算する。

④ 0.3÷0.75の計算

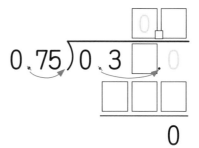

わり算をしましょう。（わりきれるまで）　　　　【1問　10点】

① $2.5 \overline{)3}$

② $0.8 \overline{)2}$

③ $7.5 \overline{)6}$

④ $0.14 \overline{)5.6}$

⑤ $0.18 \overline{)4.5}$

⑥ $0.25 \overline{)0.3}$

点

26 小数÷小数⑥

1 商は一の位まで求めて，あまりも出します。□にあう数や小数
点を書きましょう。 【1問 10点】

① 2.2÷0.6の計算

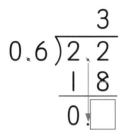

答え (3 あまり 0. □)

② 9÷2.6の計算

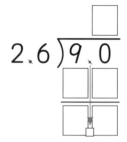

答え (□ あまり □□)

> あまりを考えるとき，あまりの
> 小数点はわられる数のもとの
> 小数点にそろえてうちます。

2 商は一の位まで求めて，あまりも出しましょう。 【1問 15点】

① 11.7÷0.8の計算

0.8)11.7

② 16.2÷4.5の計算

4.5)16.2

答え ( ) 答え ( )

3 商は四捨五入して，上から2けたのがい数で求めます。□にあう数を書きましょう。 【1問 10点】

7.8÷4.2の計算
① 筆算

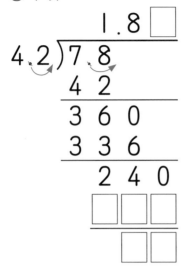

上から3けた目（$\frac{1}{100}$の位）まで求め，上から3けた目を四捨五入します。

② 答え

7.8 ÷ 4.2 = 1.8 5

ここを四捨五入する。

答え [　　　　　　　]

4 商は四捨五入して，上から2けたのがい数で求めましょう。 【1問 15点】

① 32.6÷5.3   ② 14÷2.9

(　　　　　)   (　　　　　)

27 小数のわり算のまとめ

点

🚌 **1** わり算をしましょう。（わりきれるまで）　　　【1問　10点】

①
$$3 \overline{)19.2}$$

②
$$45 \overline{)31.5}$$

③
$$4 \overline{)6.24}$$

④
$$18 \overline{)19.44}$$

⑤
$$2.5 \overline{)12}$$

> 小数のわり算の
> まとめだよ。
> 小数点の位置に
> 気をつけて計算
> しよう！

①

$$8 \overline{)12.4}$$

②

$$1.6 \overline{)2.8}$$

③

$$2.3 \overline{)8.97}$$

④

$$1.47 \overline{)8.82}$$

⑤

$$4.84 \overline{)3.63}$$

おめでとう！
これで小数の計算
は終わりだよ。
よくがんばったね。

1 小数のしくみ①
P1・2

1 ① 10
② 100
③ 1000

2 ① 0.1 ③ 0.5
② 0.3 ④ 0.07

3 ① 0.6 ④ 0.4
② 0.42 ⑤ 0.275
③ 1.983 ⑥ 2.091

4 ① 34 ③ 0.34
② 340 ④ 0.034

2 小数のしくみ②
P3・4

1 ① 3.5 ⑥ 41.6
② 3.45 ⑦ 281
③ 28 ⑧ 1281
④ 27.5 ⑨ 120
⑤ 3.8 ⑩ 2760

2 ① 4.3 ⑥ 0.38
② 43.5 ⑦ 3.85
③ 0.38 ⑧ 0.418
④ 6.28 ⑨ 0.086
⑤ 0.275 ⑩ 0.0647

3 小数×整数①
P5・6

1 ① 5.2 ③ 6.3
② 0.8 ④ 37.8

2 ① 7.6 ⑥ 0.6
② 16.1 ⑦ 5.6
③ 40.8 ⑧ 91.2
④ 75.2 ⑨ 98.8
⑤ 0.6 ⑩ 323.4

4 小数×整数②
P7・8

1 ① 3.0 ③ 23.0
② 7.0 ④ 50.0

2 ① 6.0 ⑥ 2.0
② 10.0 ⑦ 37.0
③ 29.0 ⑧ 86.0
④ 1.0 ⑨ 100.0
⑤ 4.0 ⑩ 243.0

5 小数×整数③
P9・10

1 ① 7.12 ④ 6.40
② 2.25 ⑤ 3.00
③ 19.62 ⑥ 16.24

2 ① 5.82 ⑥ 0.92
② 36.72 ⑦ 6.37
③ 32.04 ⑧ 2.20
④ 14.30 ⑨ 6.08
⑤ 45.01 ⑩ 0.30

1
①
$$\begin{array}{r} 1.2 \\ \times\ 46 \\ \hline 72 \\ 48 \\ \hline 55.2 \end{array}$$

②
$$\begin{array}{r} 4.5 \\ \times\ 36 \\ \hline 270 \\ 135 \\ \hline 162.0 \end{array}$$

③
$$\begin{array}{r} 0.7 \\ \times\ 69 \\ \hline 63 \\ 42 \\ \hline 48.3 \end{array}$$

④
$$\begin{array}{r} 34.5 \\ \times\ \ 30 \\ \hline 1035.0 \end{array}$$

2
①
$$\begin{array}{r} 1.6 \\ \times\ 12 \\ \hline 32 \\ 16 \\ \hline 19.2 \end{array}$$

②
$$\begin{array}{r} 3.8 \\ \times\ 74 \\ \hline 152 \\ 266 \\ \hline 281.2 \end{array}$$

③
$$\begin{array}{r} 8.5 \\ \times\ 52 \\ \hline 170 \\ 425 \\ \hline 442.0 \end{array}$$

④
$$\begin{array}{r} 0.6 \\ \times\ 12 \\ \hline 12 \\ 6 \\ \hline 7.2 \end{array}$$

⑤
$$\begin{array}{r} 0.9 \\ \times\ 83 \\ \hline 27 \\ 72 \\ \hline 74.7 \end{array}$$

⑥
$$\begin{array}{r} 65.1 \\ \times\ \ 80 \\ \hline 5208.0 \end{array}$$

1
①
$$\begin{array}{r} 1.36 \\ \times\ \ 12 \\ \hline 272 \\ 136 \\ \hline 16.32 \end{array}$$

②
$$\begin{array}{r} 4.69 \\ \times\ \ 37 \\ \hline 3283 \\ 1407 \\ \hline 173.53 \end{array}$$

③
$$\begin{array}{r} 0.32 \\ \times\ \ 16 \\ \hline 192 \\ 32 \\ \hline 5.12 \end{array}$$

④
$$\begin{array}{r} 0.45 \\ \times\ \ 34 \\ \hline 180 \\ 135 \\ \hline 15.30 \end{array}$$

2
①
$$\begin{array}{r} 1.28 \\ \times\ \ 14 \\ \hline 512 \\ 128 \\ \hline 17.92 \end{array}$$

②
$$\begin{array}{r} 3.04 \\ \times\ \ 42 \\ \hline 608 \\ 1216 \\ \hline 127.68 \end{array}$$

③
$$\begin{array}{r} 2.87 \\ \times\ \ 63 \\ \hline 861 \\ 1722 \\ \hline 180.81 \end{array}$$

④
$$\begin{array}{r} 0.26 \\ \times\ \ 17 \\ \hline 182 \\ 26 \\ \hline 4.42 \end{array}$$

⑤
$$\begin{array}{r} 2.15 \\ \times\ \ 34 \\ \hline 860 \\ 645 \\ \hline 73.10 \end{array}$$

⑥
$$\begin{array}{r} 1.68 \\ \times\ \ 25 \\ \hline 840 \\ 336 \\ \hline 42.00 \end{array}$$

1
①
$$\begin{array}{r} 25 \\ \times\ 0.7 \\ \hline 17.5 \end{array}$$

②
$$\begin{array}{r} 8 \\ \times\ 2.3 \\ \hline 24 \\ 16 \\ \hline 18.4 \end{array}$$

③
$$\begin{array}{r} 34 \\ \times\ 1.6 \\ \hline 204 \\ 34 \\ \hline 54.4 \end{array}$$

④
$$\begin{array}{r} 60 \\ \times\ 4.9 \\ \hline 540 \\ 240 \\ \hline 294.0 \end{array}$$

⑤
$$\begin{array}{r} 37 \\ \times\ 3.2 \\ \hline 74 \\ 111 \\ \hline 118.4 \end{array}$$

2
①
$$\begin{array}{r} 73 \\ \times\ 0.4 \\ \hline 29.2 \end{array}$$

②
$$\begin{array}{r} 128 \\ \times\ \ 0.6 \\ \hline 76.8 \end{array}$$

③
```
      6
   × 7.4
     2 4
   4 2
   4 4.4
```

④
```
    1 3
  × 2.6
    7 8
  2 6
  3 3.8
```

⑤
```
     4 2
   × 1.7
     2 9 4
   4 2
   7 1.4
```

⑥
```
     8 0
   × 3.5
     4 0 0
   2 4 0
   2 8 0.0
```

⑦
```
     4 2
   × 8.5
     2 1 0
   3 3 6
   3 5 7.0
```

🚚② ①
```
     1.6
   × 2.4
     6 4
   3 2
   3.8 4
```

②
```
     0.9
   × 2.4
     3 6
   1 8
   2.1 6
```

③
```
     5.1
   × 1.7
     3 5 7
   5 1
   8.6 7
```

④
```
     2.3
   × 3.4
     9 2
   6 9
   7.8 2
```

⑤
```
     3.9
   × 4.2
     7 8
   1 5 6
   1 6.3 8
```

⑥
```
     5.3
   × 4.5
     2 6 5
   2 1 2
   2 3.8 5
```

9 小数×小数① P17・18

🚚1 ①0.72 ③2.16
　　②0.72 ④0.06
🚚2 ①0.24 ⑥1.62
　　②0.45 ⑦2.45
　　③0.28 ⑧5.76
　　④0.08 ⑨8.68
　　⑤0.52 ⑩26.08

10 小数×小数② P19・20

🚚1 ①
```
     1.6
   × 1.4
     6 4
   1 6
   2.2 4
```

②
```
     3.7
   × 1.4
     1 4 8
   3 7
   5.1 8
```

③
```
     0.8
   × 2.4
     3 2
   1 6
   1.9 2
```

④
```
     3.4
   × 4.2
     6 8
   1 3 6
   1 4.2 8
```

11 小数×小数③ P21・22

🚚1 ①
```
     3.4
   × 1.5
     1 7 0
   3 4
   5.1 0
```

②
```
     0.8
   × 4.5
     4 0
   3 2
   3.6 0
```

🚚2 ①
```
     1.2
   × 3.5
     6 0
   3 6
   4.2 0
```

②
```
     0.4
   × 1.5
     2 0
   4
   0.6 0
```

③
```
     1.4
   × 8.5
     7 0
   1 1 2
   1 1.9 0
```

③
```
     2.5
   × 2.4
     1 0 0
   5 0
   6.0 0
```

④
```
     3.6
   × 2.5
     1 8 0
   7 2
   9.0 0
```

④
```
     4.5
   × 2.6
     2 7 0
   9 0
   1 1.7 0
```

⑤
```
     2.5
   × 4.8
     2 0 0
   1 0 0
   1 2.0 0
```

⑥
```
     7.5
   × 2.4
     3 0 0
   1 5 0
   1 8.0 0
```

1 ①
```
    2.2 3
 ×    3.4
    8 9 2
  6 6 9
  7.5 8 2
```

③
```
    3.4
 × 1.2 6
    2 0 4
    6 8
  3 4
  4.2 8 4
```

②
```
    3.1 4
 × 0.6 2
    6 2 8
 1 8 8 4
 1.9 4 6 8
```

④
```
    2.8
 × 0.3 6
    1 6 8
   8 4
  1.0 0 8
```

2 ①
```
    1.2 3
 ×   2.5
    6 1 5
  2 4 6
  3.0 7 5
```

④
```
    2.4
 × 0.5 6
    1 4 4
  1 2 0
  1.3 4 4
```

②
```
    3.0 4
 ×   3.9
  2 7 3 6
  9 1 2
 1 1.8 5 6
```

⑤
```
    0.8 2
 × 5.4 3
    2 4 6
  3 2 8
 4 1 0
 4.4 5 2 6
```

③
```
    2.5 7
 × 0.6 1
    2 5 7
 1 5 4 2
 1.5 6 7 7
```

⑥
```
    1.2 3
 × 2.4 1
    1 2 3
  4 9 2
 2 4 6
 2.9 6 4 3
```

1 ①
```
    2.1 5
 ×   4.2
    4 3 0
  8 6 0
  9.0 3 0
```

③
```
    0.2 4
 ×   3.8
    1 9 2
   7 2
  0.9 1 2
```

②
```
    2.4
 × 0.7 5
    1 2 0
  1 6 8
  1.8 0 0
```

④
```
    0.3 4
 × 0.2 7
    2 3 8
   6 8
  0.0 9 1 8
```

2 ①
```
    3.2 4
 ×   1.5
  1 6 2 0
  3 2 4
  4.8 6 0
```

④
```
    0.2 7
 ×   2.7
    1 8 9
   5 4
  0.7 2 9
```

②
```
    6.5
 × 0.3 4
    2 6 0
  1 9 5
  2.2 1 0
```

⑤
```
    0.1 6
 × 0.4 7
    1 1 2
   6 4
  0.0 7 5 2
```

③
```
    6.2 5
 × 0.5 6
  3 7 5 0
 3 1 2 5
 3.5 0 0 0
```

⑥
```
    0.6 6
 × 0.7 5
    3 3 0
  4 6 2
  0.4 9 5 0
```

1 ①
```
    9.5
 ×    8
  7 6.0
```

④
```
    7.1 3
 ×      8
  5 7.0 4
```

②
```
      5.2
 ×   6 7
    3 6 4
  3 1 2
  3 4 8.4
```

⑤
```
      3.9 4
 ×      2 8
    3 1 5 2
    7 8 8
  1 1 0.3 2
```

③
```
      4 9
 ×   3.4
    1 9 6
  1 4 7
  1 6 6.6
```

2 ①
```
      2.8
 ×   7.3
      8 4
  1 9 6
  2 0.4 4
```

④
```
      3.7 6
 ×      4.2
      7 5 2
  1 5 0 4
  1 5.7 9 2
```

②
```
      4.2
 ×   8.5
    2 1 0
  3 3 6
  3 5.7 0
```

⑤
```
      0.8 4
 ×      3.5
      4 2 0
    2 5 2
    2.9 4 0
```

③
```
      0.6
 ×   1.6
    3 6
  6
  0.9 6
```

⑥
```
      5.9 2
 ×   2.6 3
    1 7 7 6
  3 5 5 2
  1 1 8 4
  1 5.5 6 9 6
```

1 ①
```
     2.6
  3)7.8
     6
     1 8
     1 8
        0
```

③
```
     0.8
  8)6.4
     6 4
        0
```

②
```
     2.5 4
  3)7.6 2
     6
     1 6
     1 5
        1 2
        1 2
           0
```

④
```
     0.3 4
  7)2.3 8
     2 1
        2 8
        2 8
           0
```

2 ①
```
     1.9
  5)9.5
     5
     4 5
     4 5
        0
```

④
```
     2.3 9
  4)9.5 6
     8
     1 5
     1 2
        3 6
        3 6
           0
```

②
```
     0.6
  7)4.2
     4 2
        0
```

③
```
     5.9
  4)2 3.6
     2 0
        3 6
        3 6
           0
```

⑤
```
        6.3 9
  8)5 1.1 2
     4 8
        3 1
        2 4
           7 2
           7 2
              0
```

⑥
```
     0.6 7
  5)3.3 5
     3 0
        3 5
        3 5
           0
```

1 ①
```
        2.3
   14)3 2.2
      2 8
        4 2
        4 2
          0
```

②
```
        0.8
   23)1 8.4
      1 8 4
          0
```

③
```
        2.1 4
   16)3 4.2 4
      3 2
        2 2
        1 6
          6 4
          6 4
            0
```

④
```
        0.6 5
   21)1 3.6 5
      1 2 6
        1 0 5
        1 0 5
            0
```

2 ①
```
        1.4
   31)4 3.4
      3 1
      1 2 4
      1 2 4
          0
```

②
```
        2.2
   43)9 4.6
      8 6
        8 6
        8 6
          0
```

③
```
        0.9
   32)2 8.8
      2 8 8
          0
```

④
```
        3.1 4
   12)3 7.6 8
      3 6
        1 6
        1 2
          4 8
          4 8
            0
```

⑤
```
        2.3 4
   23)5 3.8 2
      4 6
        7 8
        6 9
          9 2
          9 2
            0
```

⑥
```
        0.9 5
   19)1 8.0 5
      1 7 1
          9 5
          9 5
            0
```

1 ①(1)
```
      1
   5)8
     5
     3
```

(2)
```
      1.6
   5)8.0
     5
     3 0
     3 0
       0
```

②(1)
```
        0.7
   32)2 4.0
      2 2 4
        1 6
```

(2)
```
        0.7 5
   32)2 4.0
      2 2 4
        1 6 0
        1 6 0
            0
```

2 ①
```
        7.7 5
   4)3 1.0
     2 8
       3 0
       2 8
         2 0
         2 0
           0
```

②
```
        0.0 4
   25)1.0 0
      1 0 0
          0
```

3 ①
```
      9.5
   8)7 6
     7 2
       4 0
       4 0
         0
```

②
```
        0.3 7 5
   16)6.0
      4 8
      1 2 0
      1 1 2
          8 0
          8 0
            0
```

1 ①(1) ━━━▶ (2)
```
      0.4
   5)2.3
     2 0
       3
```
```
      0.4 6
   5)2.3 0
     2 0
       3 0
       3 0
         0
```

②(1) ━━━▶ (2)
```
        2.
   45)9 2.7
      9 0
        2 7
```
```
        2.0 6
   45)9 2.7 0
      9 0
        2 7 0
        2 7 0
            0
```

2 ①
```
      2.4 5
  4 ) 9.8 (0)
      8
      1 8
      1 6
        2 0
        2 0
          0
```

②
```
         1.9 5
   24 ) 4 6.8 (0)
        2 4
        2 2 8
        2 1 6
          1 2 0
          1 2 0
              0
```

④
```
          3 3 0
  0.4 ) 1 3 2 0
         1 2
           1 2
           1 2
              0
```

⑧
```
          2 7 0
  0.5 ) 1 3 5 0
         1 0
           3 5
           3 5
              0
```

3 ①
```
       0.0 5
   8 ) 0.4 0
       4 0
         0
```

②
```
        0.9 7 5
  16 ) 1 5.6
       1 4 4
         1 2 0
         1 1 2
             8 0
             8 0
               0
```

---

19 整数÷小数①

P.37·38

1 ①
```
        2 0
  0.3 ) 6 0
        6
          0
```

②
```
        4 5
  0.4 ) 1 8 0
        1 6
          2 0
          2 0
            0
```

2 ①
```
        1 5
  0.6 ) 9 0
        6
        3 0
        3 0
          0
```

⑤
```
        2 8
  0.5 ) 1 4 0
        1 0
          4 0
          4 0
            0
```

②
```
        6 0
  0.4 ) 2 4 0
        2 4
          0
```

⑥
```
        4 5
  0.8 ) 3 6 0
        3 2
          4 0
          4 0
            0
```

③
```
          1 5 0
  0.7 ) 1 0 5 0
         7
         3 5
         3 5
           0
```

⑦
```
        7 5
  0.6 ) 4 5 0
        4 2
          3 0
          3 0
            0
```

---

20 整数÷小数②

P.39·40

1 ①(2)
```
  1.2 ) 6 0
```

(3)
```
        5
  1.2 ) 6 0
        6 0
          0
```

②(1)
```
  4.5 ) 8 1 0
```

(2)
```
          1 8
  4.5 ) 8 1 0
        4 5
        3 6 0
        3 6 0
            0
```

2 ①
```
        6
  1.5 ) 9 0
        9 0
          0
```

④
```
          1 2
  6.5 ) 7 8 0
        6 5
        1 3 0
        1 3 0
            0
```

②
```
        5
  1.4 ) 7 0
        7 0
          0
```

⑤
```
          2 5
  2.8 ) 7 0 0
        5 6
        1 4 0
        1 4 0
            0
```

③
```
        5
  1.8 ) 9 0
        9 0
          0
```

⑥
```
          2 4
  2.5 ) 6 0 0
        5 0
        1 0 0
        1 0 0
            0
```

21 小数÷小数①

P.41・42

1 ①
```
        4
0.6)2.4
    2 4
      0
```
②
```
        3.3
0.4)1 3.2
    1 2
      1 2
      1 2
        0
```

2 ①
```
        2 1
0.6)1 2.6
    1 2
      6
      6
      0
```
⑤
```
        0.2 5
0.6)0.1.5
    1 2
      3 0
      3 0
        0
```

②
```
        3 5
0.5)1 7.5
    1 5
      2 5
      2 5
        0
```
⑥
```
        9 4
0.4)3 7.6
    3 6
      1 6
      1 6
        0
```

③
```
        0.5
0.7)0.3.5
    3 5
      0
```
⑦
```
        8.3
0.4)3.3.2
    3 2
      1 2
      1 2
        0
```

④
```
        2.5
0.6)1.5
    1 2
      3 0
      3 0
        0
```
⑧
```
        3.6
0.7)2.5.2
    2 1
      4 2
      4 2
        0
```

22 小数÷小数②

P.43・44

1 ①(1) ━━━━▶ (2)
```
          5
1.5)8.4
    7 5
      9
```
```
          5.6
1.5)8.4 0
    7 5
      9 0
      9 0
        0
```

②(1) ━━━━▶ (2)
```
        0.2
4.8)1.2.0
    9 6
    2 4
```
```
        0.2 5
4.8)1.2.0 0
    9 6
    2 4 0
    2 4 0
        0
```

2 ①
```
        7
5.7)3 9.9
    3 9 9
        0
```
②
```
        0.6
6.5)3.9.0
    3 9 0
        0
```

3 ①
```
        7.5
3.4)2 5.5
    2 3 8
      1 7 0
      1 7 0
          0
```
③
```
        6
8.3)4 9.8
    4 9 8
        0
```

②
```
        0.2 5
8.4)2.1.0
    1 6 8
      4 2 0
      4 2 0
          0
```
④
```
        0.8
3.5)2.8.0
    2 8 0
        0
```

23 小数÷小数③

P.45・46

1 ①(1) ━━━━▶ (2)
```
        1
3.7)5.9.2
    3 7
    2 2 2
```
```
        1.6
3.7)5.9.2
    3 7
    2 2 2
    2 2 2
        0
```

②(1) ━━━━▶ (2)
```
        0.
7.6)5.3.2
```
```
        0.7
7.6)5.3.2
    5 3 2
        0
```

62

2

①
$$1.6 \overline{)7.8.4} = 4.9$$
64
144
144
0

④
$$5.8 \overline{)7.5.4} = 1.3$$
58
174
174
0

②
$$2.7 \overline{)9.1.8} = 3.4$$
81
108
108
0

⑤
$$6.9 \overline{)3.4.5} = 0.5$$
345
0

③
$$4.8 \overline{)2.8.8} = 0.6$$
288
0

⑥
$$9.1 \overline{)2.7.3} = 0.3$$
273
0

24 小数÷小数④
P.47·48

1

① $0.48 \overline{)11.52} = 2\boxed{4}$
96
$\boxed{1}9\ 2$
$\boxed{1}9\ 2$
0

② $0.64 \overline{)2.24} = 3.\boxed{5}$
$\boxed{1}9\ 2$
$3\ 2\ 0$
$3\ 2\ 0$
0

2

① $0.41 \overline{)14.35} = 35$
123
205
205
0

④ $0.47 \overline{)95.88} = 204$
94
188
188
0

② $0.28 \overline{)11.76} = 42$
112
56
56
0

⑤ $0.58 \overline{)2.61} = 4.5$
232
290
290
0

③ $1.23 \overline{)28.29} = 23$
246
369
369
0

⑥ $3.06 \overline{)4.59} = 1.5$
306
1530
1530
0

25 小数÷小数⑤
P.49·50

1

① $1.2 \overline{)90.} = 7.\boxed{5}$
$8\boxed{4}$
$6\ 0$
$6\ 0$
0

③ $0.15 \overline{)7.8\boxed{0}.} = \boxed{5}2$
$7\ 5$
$3\ 0$
$3\ 0$
0

② $2.5 \overline{)10.0} = 0.\boxed{4}$
$\boxed{1\ 0\ 0}$
0

④ $0.75 \overline{)0.30.0} = \boxed{0.}4$
$\boxed{3\ 0\ 0}$
0

2

① $2.5 \overline{)3.0.} = 1.2$
25
50
50
0

④ $0.14 \overline{)5.60} = 40$
56
0

② $0.8 \overline{)2.0.} = 2.5$
16
40
40
0

⑤ $0.18 \overline{)4.50} = 25$
36
90
90
0

③ $7.5 \overline{)6.0.0} = 0.8$
600
0

⑥ $0.25 \overline{)0.30.0} = 1.2$
25
50
50
0

26

1 ①
```
        3
0.6)2.2
     1 8
     0 4
```
答え
（ 3 あまり 0.4 ）

②
```
        3
2.6)9.0
      7 8
      1 2
```
（ 3 あまり 1.2 ）

2 ①
```
       1 4
0.8)1 1.7
     8
     3 7
     3 2
     0.5
```
答え
（ 14 あまり 0.5 ）

②
```
        3
4.5)1 6.2
     1 3 5
       2.7
```
答え
（ 3 あまり 2.7 ）

3 ①
```
       1.8 5
4.2)7.8
     4 2
     3 6 0
     3 3 6
       2 4 0
       2 1 0
         3 0
```

② 7.8 ÷ 4.2 = 1.85   答え 1.9

4 ① 6.2
（32.6 ÷ 5.3 = 6.15）

② 4.8
（14 ÷ 2.9 = 4.82）

27

1 ①
```
        6.4
3)1 9.2
   1 8
     1 2
     1 2
       0
```

②
```
         0.7
45)3 1.5
    3 1 5
        0
```

③
```
       1.5 6
4)6.2 4
  4
  2 2
  2 0
    2 4
    2 4
      0
```

④
```
        1.0 8
18)1 9.4 4
    1 8
      1 4 4
      1 4 4
          0
```

⑤
```
          4.8
2.5)1 2.0
     1 0 0
       2 0 0
       2 0 0
           0
```

2 ①
```
       1.5 5
8)1 2.4
  8
  4 4
  4 0
    4 0
    4 0
      0
```

②
```
        1.7 5
1.6)2.8.
     1 6
     1 2 0
     1 1 2
         8 0
         8 0
          0
```

③
```
         3.9
2.3)8.9.7
     6 9
     2 0 7
     2 0 7
         0
```

④
```
         6
1.47)8.8 2
      8 8 2
          0
```

⑤
```
          0.7 5
4.84)3.6 3.0
      3 3 8 8
        2 4 2 0
        2 4 2 0
            0
```